LAMARTINE

Poèmes du Terroir et du Coeur

EDITIONS LA TAILLANDERIE

La Taillanderie

Collection dirigée par **Gérald GAMBIER**
Saisie : **Martine LONVIS**
Mise en Page : **Yolande BEYER**
Photographies : Château de Cormatin
Emile MAGNIEN - Gérald GAMBIER - Max PELISSIER
Corrections : **Joëlle NICOLAÏ**

COLLECTION «MULTIPLE»

Du même auteur

«Dans l'intimité de Lamartine» - Editions B.R.A. - Prix Lamartine 1975
«Avec Lamartine en Bourgogne et Franche-Comté» - Editions de la Taillanderie - 1989
«L'histoire de Mâcon et du mâconnais» - Editions Le caractère en marche - 3e édition - 1992
«Avec Lamartine en Savoie et Dauphiné» - Editions de la Taillanderie - 1993
«Cousin cousine en Bourgogne, Bussy-Rabutin et Marie de Sévigné» - Ed. de la Taillanderie - 1993

Photographie de couverture

Portrait de Lamartine par Decaisne
Musée Lamartine
Mâcon (photo : Eshmann)

01400 Châtillon-sur-Chalaronne
ISBN 2-87629-159-2
ISSN 1148-5337

Un poète comme Lamartine est si étroitement lié au pays où il est né et où il a vécu, qu'on n'apprécie pleinement sa poésie dans ce qu'elle a de spontané, de généreux, d'envoûtant parfois, que sur les lieux mêmes auxquels le souvenir du poète est attaché et qui ont vu l'éclosion des plus belles parties de son oeuvre.

C'est pourquoi nous avons établi ce petit recueil des plus grands poèmes ayant un lien avec les sites et les demeures où l'inspiration visita Lamartine.

On nous pardonnera de n'avoir pas donné l'intégralité de chacun d'eux. Certains sont d'une longueur qui eût obligé de donner à cette plaquette un nombre de pages excessif pour notre propos. Nous avons gardé cependant, croyons-nous, l'essentiel de ce que Lamartine a mis d'âme dans ces vers inspirés par le pays natal ou écrits dans ses horizons familiers.

Les photos qui les illustrent ajoutent au pouvoir d'évocation et à la charge d'émotion de ces poèmes, et telle qu'elle est, cette plaquette se veut un hommage aux lieux qui inspirèrent le poète né ici il y a deux siècles, autant qu'à Lamartine lui-même.

MILLY

Aucun des grands poètes français n'a été autant que Lamartine attaché sa vie durant au coin de terre qui l'a vu naître et grandir; aucun n'a, pour les sacraliser, lié les lieux où il a vécu, aimé, médité, parfois souffert, avec une telle intensité à son être pensant, à ses souvenirs, au flux vital de son existence la plus intime. Et dans cette sorte de symbiose c'est le pays de Milly, Bussières, Pierreclos et Saint-Point qui a la plus belle part. Trois poèmes essentiels de l'oeuvre de Lamartine ont pour inspirateurs le village et la maison de Milly: une partie des *Préludes* (Nouvelles Méditations, été 1821); *Milly ou la Terre Natale* (*Harmonies*; écrite à Florence en janvier 1827); et *la Vigne et la Maison* (octobre 1856). Mais d'autres poèmes moins connus évoquent ce petit canton du Mâconnais qu'il aima tant. Pour Milly on peut citer la *Fenêtre de la Maison paternelle* (probablement début 1840, et incorporée aux *Troisièmes Méditations* ajoutées à l'Edition dite «des souscripteurs» en 1849; pièce écrite à Saint-Point). D'autre part, c'est à Milly que furent écrites plusieurs des plus belles *Méditations*: l'*Isolement*, l'*Automne*, et probablement le *Crucifix*. Nous ne citerons que quelques extraits de ces beaux poèmes dont bien des vers chantent toujours éloquemment dans la mémoire des lecteurs de Lamartine.

LES PRELUDES

Dans ce vaste poème qui est une sorte d'exercice sur des thèmes variés, de l'épopée guerrière à l'élégie bucolique, la partie concernant Milly est la plus réussie. Elle date vraisemblablement de l'été 1821 et semble avoir été écrite au cours d'un séjour à Aix en Savoie.

O vallons paternels! doux champs, humble chaumière
Aux bords penchants des bois suspendus aux coteaux,
Dont l'humble toit, caché sous des touffes de lierre,
Ressemble au nid sous les rameaux;

Gazons entrecoupés de ruisseaux et d'ombrages,
Seuil antique où mon père, adoré comme un roi,
Comptait ses gras troupeaux rentrant des pâturages,
Ouvrez-vous! ouvrez-vous! c'est moi!...

Oui, je reviens à toi, berceau de mon enfance
Embrasser pour jamais tes foyers protecteurs;
Loin de moi les cités et leur vaine opulence:
Je suis né parmi les pasteurs!

Enfant, j'aimais comme eux à suivre dans la plaine
Les agneaux pas à pas, égarés jusqu'au soir;
A revenir, comme eux, laver leur tendre laine
Dans l'eau courante du lavoir.

J'aimais à me suspendre aux lianes légères,
A gravir dans les airs de rameaux en rameaux,
Pour ravir le premier, sous l'aile de leur mère,
Les tendres oeufs des tourtereaux.

J'aimais les voix du soir dans les airs répandues,
Le bruit lointain des chars gémissant sous leur poids,
Et le sourd tintement des cloches suspendues
Au cou des chevreaux dans les bois...

Beaux lieux, recevez-moi sous vos sacrés ombrages...
Reconnaissez mes pas, doux gazons que je foule...
J'y viens vivre; et couché sous vos berceaux fertiles
Abriter nom repos obscur...
C'est assez pour qui doit mourir.

(Nouvelles Méditations poétiques - XVI)

MILLY OU LA TERRE NATALE

Milly n'est pas à proprement parler «la terre natale» puisque Lamartine est né à Mâcon le 21 octobre 1790. Mais c'est à Milly que sa famille est venue s'installer alors qu'il avait sept ans et qu'il a passé ses plus belles années d'enfance sous la tendre vigilance d'une admirable mère: Alix des Roys. Aussi Milly fut-il toujours pour le poète «l'Arche Sainte» de ses souvenirs.

En 1827, alors qu'il était en poste diplomatique à Florence, il apprit que son père envisageait de vendre Milly. Aussitôt il plaida, par cet admirable poème, la sauvegarde de la chère maison qui ne fut pas vendue et qu'il racheta à son beau-frère Montherot dans le lot de qui elle avait échu lors du partage anticipé des biens de son père. La lecture de *Milly* fut une des dernières grandes joies de sa mère qui devait mourir accidentellement à Mâcon le 16 novembre 1829, et le poète lui-même a raconté que la pieuse et scrupuleuse femme, ayant vu que son fils y parlait d'un lierre qui n'existait pas, en planta un elle-même pour qu'on ne puisse reprocher cette inexactitude à son fils.

Lamartine incorpora *Milly* aux *Harmonies poétiques et religieuses* parues en juin 1830. Sa mère était morte entre-temps et il avait introduit dans le poème l'évocation fervente de la chère disparue.

Pourquoi le prononcer ce nom de la patrie?
Dans son brillant exil mon coeur en a frémi!
Il résonne de loin dans mon âme attendrie
Comme les pas connus ou la voix d'un ami.

Montagnes que voilait le brouillard de l'automne,
Vallons que tapissait le givre du matin,
Saules dont l'émondeur effeuillait la couronne,
Vieilles tours que le soir dorait dans le lointain,

Murs noircis par les ans, coteaux, sentier rapide,
Fontaine où les pasteurs accroupis tour à tour
Attendaient goutte à goutte une eau rare et limpide,
Et, leur urne à la main, s'entretenaient du jour;

Chaumière où du foyer étincelait la flamme,
Toit que le pèlerin aimait à voir fumer,
Objets inanimés, avez-vous donc une âme
Qui s'attache à notre âme et la force d'aimer?...

La maison de Milly vue depuis le Parc.

Vue générale de Milly-Lamartine depuis le Monsard.

Mais il est sur la terre une montagne aride
Qui ne porte en ses flancs ni bois ni flot limpide,
Dont par l'effort des ans l'humble sommet miné
Et sous son propre poids jour par jour incliné,
Dépouillé de son sol fuyant dans les ravines,
Garde à peine un buis sec qui montre ses racines
Et se couvre partout de rocs prêts à crouler
Que sous son pied léger le chevreau fait rouler...

Il est dans ces déserts un toit rustique et sombre
Que la montagne seule abrite de son ombre,
Et dont les murs, battus par la pluie et les vents,
Portent leur âge écrit sous la mousse des ans.
Sur le seuil désuni de trois marches de pierre
Le hasard a planté les racines d'un lierre
Qui, redoublant cent fois ses noeuds entrelacés
Cache l'affront du temps sous ses bras élancés,
Et, recourbant en arc sa volute rustique,
Fait le seul ornement du champêtre portique...

Rien n'y console l'oeil de sa prison stérile,
Ni les dômes dorés d'une superbe ville,
Ni le chemin poudreux, ni le fleuve lointain,
Ni les toits blanchissants aux clartés du matin;
Seulement répandus de distance en distance
De sauvages abris qu'habite l'indigence
Montrent leurs toits de chaume et leurs murs enfumés...

Et c'est là qu'est mon coeur!
Ce sont là les séjours, les sites, les rivages
Dont mon âme attendrie évoque les images,
Et dont pendant les nuits mes songes les plus beaux
Pour enchanter mes yeux composent leurs tableaux...

Là mon coeur en tout lieu se retrouve lui-même!
Tout s'y souvient de moi, tout m'y connaît, tout m'aime!
Mon oeil trouve un ami dans tout cet horizon,
Chaque arbre a son histoire et chaque pierre un nom...

Voilà le banc rustique où s'asseyait mon père,
La salle où résonnait sa voix mâle et sévère
Quand les pasteurs assis sur leurs socs renversés
Lui comptaient les sillons par chaque heure tracés,
Ou qu'encor palpitant des scènes de sa gloire
De l'échafaud des rois il nous disait l'histoire
Et plein du grand combat qu'il avait combattu
En racontant sa vie enseignait la vertu.

Voilà la place vide où ma mère à toute heure
Au plus léger soupir sortait de sa demeure,
Et nous faisant porter ou la laine ou le pain,
Vêtissait l'indigence ou nourrissait la faim...
Voilà le seuil à l'ombre où son pied nous berçait,
La branche du figuier que sa main abaissait.
Voici l'étroit sentier où, quand l'airain sonore
Dans le temple lointain vibrait avec l'aurore,
Nous montions sur sa trace à l'autel du Seigneur
Offrir deux purs encens: innocence et bonheur!

La vie a dispersé, comme l'épi sur l'aire
Loin du champ paternel les enfants et la mère,
Et ce foyer chéri ressemble aux nids déserts
D'où l'hirondelle a fui pendant de longs hivers!...

Si vous voulez charmer mes dernières pensées
Un jour élevez-moi...! Non ne m'élevez rien!
Mais près des lieux où dort l'humble espoir du chrétien,
Creusez-moi dans ces champs la couche que j'envie
Et ce dernier sillon où germe une autre vie!...

Là, ma cendre mêlée à la terre qui m'aime
Retrouvera la vie avant mon esprit même,
Verdira dans les prés, fleurira dans les fleurs,
Boira des nuits d'été les parfums et les pleurs;
Et quand du jour sans soir la première étincelle
Viendra m'y réveiller pour l'aurore éternelle,
En ouvrant mes regards je reverrai des lieux
Adorés de mon coeur et connus de mes yeux...

Avec des soeurs, un père et l'âme d'une mère
Ne laissant plus de cendre en dépôt à la terre,
Comme le passager qui des vagues descend
Jette encore au navire un oeil reconnaissant,
Nos voix diront ensemble à ces lieux pleins de charmes
L'adieu, le seul adieu qui n'aura point de larmes!

(Harmonies-Livre troisième-II)

LA VIGNE ET LA MAISON

C'est chez Lamartine le chant du cygne, le dernier poème, écrit en 1856 alors que l'inéluctable nécessité de vendre la maison de Milly s'impose à lui devant le gouffre des dettes dont il ne peut se libérer. Venu surveiller les vendanges à l'automne, il commence à Milly même à rédiger ce beau poème pour l'achever quelques jours plus tard à Monceau. Poème de l'amour, du souvenir et du regret, il le publie en mars 1857 dans le XVe Entretien de son *Cours Familier de Littérature*. C'est «un dialogue entre mon âme et moi» dans lequel le poète essaie de consoler son âme, «qu'en ces lieux le temps oublia seule», en lui rappelant les jours heureux de sa jeunesse et la calme beauté de ces lieux chéris. Jamais la «musique lamartinienne» n'a été aussi fluide, aussi coulante, aussi harmonieuse.

...Pourtant le soir qui tombe a des langueurs sereines
Que le temps donne à tout, aux bonheurs comme aux peines;
Le linceul même est tiède au coeur enseveli;
On a vidé ses yeux de ses dernières larmes,
L'âme à son désespoir trouve de tristes charmes,
Et des bonheurs perdus se sauve de l'oubli.

Cette heure a pour nos sens des impressions douces
Comme des pas muets qui marchent sur des mousses;
C'est l'amère douceur du baiser des adieux.
De l'air plus transparent le cristal est limpide,
Des mots vaporisés l'azur vague et liquide
S'y fond avec l'azur des cieux.

Je ne sais quel lointain y baigne toute chose,
Ainsi que le regard l'oreille s'y repose,

La façade principale de la maison de Milly.

On entend dans l'éther glisser le moindre vol;
C'est le pied de l'oiseau sur le rameau qui penche,
Ou la chute d'un fruit détaché de la branche
Qui tombe du poids sur le sol.

Aux premières lueurs de l'aurore frileuse
On voit flotter ces fils dont la vierge fileuse
D'arbre en arbre au verger a tissé le réseau;
Blanche toison de l'air que la brume encor mouille,
Qui traîne sur nos pas comme de la quenouille
Un fil traîne après le fuseau.

Aux précaires tiédeurs de la trompeuse automne,
Dans l'oblique rayon le moucheron foisonne,
Prêt à mourir d'un souffle à son premier frisson;
Et sur le seuil désert de la ruche engourdie
Quelque abeille en retard, qui sort et qui mendie,
Rentre lourde de miel dans sa chaude prison.

Viens, reconnais la place où ta vie était neuve,
N'as-tu point de douceur, dis-moi, pauvre âme veuve,
A remuer ici la cendre des jours morts?
A revoir ton arbuste et ta demeure vide,
Comme l'insecte ailé revoit sa chrysalide,
Balayure qui fut son corps?...

Ecoute le cri des vendanges
Qui monte du pressoir voisin;
Vois les sentiers rocheux des granges
Rougis par le sang des raisins...

Vives glaneuses de novembre
Les grives, sur la grappe en deuil
Ont oublié ces beaux grains d'ambre
Qu'enfants nous convoitions de l'oeil.

Le rayon du soir la transperce
Comme un albâtre oriental,

Et le sucre d'or qu'elle verse
 Y pend en larmes de cristal.

Sous ce cep de vigne qui t'aime
O mon âme, ne crois-tu pas
Te retrouver enfin toi-même
Malgré l'absence et le trépas?...

L'âme répond:

Que me fait le coteau, le toit, la vigne aride?
Que me ferait le ciel si le ciel était vide?
Je ne vois en ces lieux que ceux qui n'y sont pas!
Pourquoi ramènes-tu mes regrets sur leur trace?
Des bonheurs disparus se rappeler la place
C'est rouvrir des cercueils pour revoir des trépas!...

Efface ce séjour, ô Dieu, de ma paupière,
Ou rends-le-moi semblable à celui d'autrefois
Quand la maison vibrait comme un grand coeur de pierre
De tous ces coeurs joyeux qui battaient sous ses toits,

A l'heure où la rosée au soleil s'évapore
Tous ces volets fermés s'ouvraient à sa chaleur
Pour y laisser entrer avec la tiède aurore
Les nocturnes parfums de nos vignes en fleurs.

On eût dit que ces murs respiraient comme un être
Des pampres réjouis la jeune exhalaison;
La vie apparaissait, rose, à chaque fenêtre
Sous les beaux traits d'enfants nichés dans la maison.

Leurs blonds cheveux, épars au vent de la montagne,
Les filles se passant leurs deux mains sur les yeux,
Jetaient des cris de joie à l'écho des montagnes,
Ou sur leurs seins naissants croisaient leurs doigts pieux.

La mère, de sa couche, à ces doux bruits levée,
Sur ces fronts inégaux se penchait tour à tour

Comme la poule heureuse assemble sa couvée,
Leur apprenant les mots qui bénissent le jour...

Et les bruits du foyer que l'aube fait renaître,
Les pas des serviteurs sur les degrés de bois,
Les aboiements du chien qui voit sortir son maître,
Le mendiant plaintif qui fait pleurer sa voix,

Montaient avec le jour; et dans les intervalles,
Sous des doigts de quinze ans répétant leur leçon,
Les claviers résonnaient ainsi que des cigales
Qui font tinter l'oreille au temps de la moisson.

Puis ces bruits d'année en année
Baissèrent d'une vie, hélas! et d'une voix,
Une fenêtre en deuil, à l'ombre condamnée,
        Se ferma sous le bord des toits.

Printemps après printemps, de belles fiancées
Suivirent de chers ravisseurs,
Et, par la mère en pleurs sur le seuil embrassées,
        Partirent en baisant leurs soeurs.

Puis sortit un matin pour le champ où l'on pleure
Le cercueil tardif de l'aïeul;
Puis un autre, et puis deux, et puis dans la demeure
        Un vieillard morne resta seul!

Puis la maison glissa sur la pente rapide
Où le temps entasse les jours;
Puis la porte à jamais se ferma sur le vide,
        Et l'ortie envahit les cours!...

Oui, je vous revois tous, et toutes, âmes mortes!
O chers essaims groupés aux fenêtres, aux portes!
Les bras tendus vers vous, je crois vous ressaisir,
Comme on croit dans les eaux embrasser des visages

Dont le miroir trompeur réfléchit les images,
Mais glace le baiser aux lèvres du désir.

Toi qui fis la mémoire, est-ce pour qu'on oublie?
Non, c'est pour rendre au temps à la fin tous ses jours,
Pour faire confluer, là-bas, en un seul cours,
Le passé, l'avenir, ces deux moitiés de vie
Dont l'une dit jamais et l'autre dit toujours.
Ce passé, doux Eden dont notre âme est sortie,
De notre éternité ne fait-il pas partie?
Où le temps a cessé tout n'est-il pas présent?
Dans l'immuable sein qui contiendra nos âmes
Ne rejoindrons-nous pas tout ce que nous aimâmes
Au foyer qui n'a plus d'absent?

Toi qui formas ces nids rembourrés de tendresses
Où la nichée humaine est chaude de caresses,
Est-ce pour en faire un cercueil?
N'as-tu pas dans un pan de tes globes sans nombre
Une pente au soleil, une vallée à l'ombre
Pour y rebâtir ce doux seuil?

Non plus grand, non plus beau, mais pareil, mais le même,
Où l'instinct serre un coeur contre les coeurs qu'il aime,
Où le chaume et la tuile abritent tout l'essaim,
Où le père gouverne, où la mère aime et prie,
Où dans ses petits-fils l'aïeule est réjouie
De voir multiplié son sein!

Toi qui permets, ô Père! aux pauvres hirondelles
De fuir sous d'autres cieux la saison des frimas,
N'as-tu donc pas aussi pour tes petits sans ailes
D'autres toits préparés dans tes divins climats?
O douce Providence! ô mère de famille
Dont l'immense foyer de tant d'enfants fourmille,
Et qui les vois pleurer souriante au milieu,
Souviens-toi, coeur du ciel, que la terre est ta fille
Et que l'homme est parent de Dieu!...

(Cours familier de littérature-Tome III-XVe Entretien)

Outre les trois grands poèmes directement inspirés par Milly, deux des plus connues des *Méditations, l'Isolement* et *l'Automne* ont été écrites à Milly en 1818-1819. On en trouvera des extraits dans la partie consacrée à «l'Elvire du Lac», Madame Charles.

Moins connu, le poème intitulé la *Fenêtre de la maison paternelle* est aussi à mettre parmi ceux qui évoquent Milly et la chère maison. Il fut sans doute écrit à Milly même vers 1840 et ne fut publié qu'en 1849 dans la série des Troisièmes Méditations ajoutées à l'Edition dite «des Souscripteurs».

Autour du toit qui nous vit naître
Un pampre étalait ses rameaux,
Ses grains dorés, vers la fenêtre,
Attiraient les petits oiseaux.

Ma mère étendant sa main blanche
Rapprochait les grappes de miel,
Et ses enfants suçaient la branche
Qu'ils rendaient aux oiseaux du ciel.

L'oiseau n'est plus, la mère est morte,
Le vieux cep languit jaunissant,
L'herbe d'hiver croît sur la porte,
Et moi je pleure en y pensant.

C'est pourquoi la vigne enlacée
Aux mémoires de mon berceau,
Porte à mon âme une pensée
Et doit ramper sur mon tombeau.

(Méditations Poétiques inédites-III)

On ne saurait séparer Milly des poèmes consacrés à Julie Charles, l'Elvire du Lac, poèmes qui, après la mort de Julie, furent écrits dans la solitude de la chambre du jeune poète, ou au cours de ses longues errances dans les bois et les vignes qui avoisinent le village. La première des *Méditations*, l'*Isolement*, fut écrite en août 1818, huit mois après ce deuil, sur la colline du Cras qui domine à l'ouest la maison et le village de Milly.

Le château de Berzé-le-Châtel.

«Vieilles tours que le soir dorait dans le lointain»

A l'entrée de la propriété à Milly.

Souvent sur la montagne, à l'ombre du vieux chêne,
Au coucher du soleil, tristement je m'assieds;
Je promène au hasard mes regards sur la plaine
Dont le tableau changeant se déroule à mes pieds...

Au sommet de ces monts couronnés de bois sombres
Le crépuscule encor jette un dernier rayon,
Et le char vaporeux de la reine des ombres
Monte et blanchit déjà les bords de l'horizon...

De colline en colline en vain portant ma vue
Du sud à l'aquilon, de l'aurore au couchant,
Je parcours tous les points de l'immense étendue,
Et je dis: Nulle part le bonheur ne m'attend.

Que me font ces vallons, ces palais, ces chaumières?
Vains objets dont pour moi le charme est envolé;
Fleuves, rochers, forêts, solitudes si chères,
Un seul être vous manque, et tout est dépeuplé...
Qu'importe le soleil? Je n'attends rien des jours...
Je ne demande rien à l'immense univers.

Mais peut-être au-delà des bornes de sa sphère,
Lieux où le vrai soleil éclaire d'autres cieux,
Si je pouvais laisser ma dépouille à la terre,
Ce que j'ai tant rêvé paraîtrait à mes yeux?...

Que ne puis-je, porté sur le char de l'aurore,
Vague objet de mes voeux, m'élancer jusqu'à toi.
Sur la terre d'exil pourquoi resté-je encore?
Il n'est rien de commun entre la terre et moi.

Quand la feuille des bois tombe dans la prairie
Le vent du soir s'élève et l'arrache aux vallons;
Et moi, je suis semblable à la feuille flétrie:
Emportez-moi comme elle, orageux aquilons!

(Méditations poétiques-I)

Un peu plus d'un an après, la douleur de Lamartine s'apaisait et à l'automne de 1819, il écrivait l'*Automne*, poème où se fait jour malgré le ton général de mélancolie, un espoir d'avenir meilleur: il avait rencontré en août à Aix celle qui devait devenir sa femme, Maria-Elisa Birch. Sa santé pourtant l'inquiétait et l'idée d'une mort peut-être proche le hantait.

Salut! bois couronnés d'un reste de verdure!
Feuillages jaunissants sur les gazons épars!
Salut derniers beaux jours! le deuil de la nature
Convient à ma douleur et plaît à mes regards!

Je suis d'un pas rêveur le sentier solitaire,
J'aime à revoir encor pour la dernière fois
Ce soleil pâlissant dont la faible lumière
Perce à peine à mes pieds l'obscurité des bois!

Oui, dans ces jours d'automne où la nature expire
A ses regards voilés je trouve plus d'attraits,
C'est l'adieu d'un ami, c'est le dernier sourire
Des lèvres que la mort va fermer pour jamais.

Ainsi prêt à quitter l'horizon de la vie,
Pleurant de mes longs jours l'espoir évanoui,
Je me retourne encore et d'un regard d'envie
Je contemple ces biens dont je n'ai pas joui!

Terre, soleil, vallons, belle et douce nature,
Je vous dois une larme aux bords de mon tombeau;
L'air est si parfumé, la lumière est si pure!
Aux regards d'un mourant le soleil est si beau!

Je voudrais maintenant vider jusqu'à la lie
Ce calice mêlé de nectar et de fiel!
Au fond de cette coupe où je buvais la vie,
Peut-être restait-il une goutte de miel?

Peut-être l'avenir me gardait-il encore
Un retour de bonheur dont l'espoir est perdu?
Peut-être dans la foule une âme que j'ignore
Aurait compris mon âme et m'aurait répondu?

La fleur tombe en livrant ses parfums au zéphir;
A la vie, au soleil, ce sont là ses adieux;
Moi je meurs, et mon âme au moment qu'elle expire
S'exhale comme un son triste et mélodieux.

(Méditations poétiques-XXIX)

Milly: Le corridor où le chevalier de Pratz, Père de Lamartine, recevait ses vignerons.

Le château de Saint-Point, façade sud.

A quelques pas du château de Saint-Point, le chêne de Jocelyn.

SAINT - POINT

Moins que Milly sans doute, mais toujours sincèrement, Saint-Point fut cher à Lamartine. Il l'avait reçu en avance d'hoiries lors de son mariage en 1820 et dès cette époque il décida que là serait son port d'attache principal et le lieu du tombeau familial. Bien des pièces ont été écrites à Saint-Point ainsi qu'une grande partie de *Jocelyn.* Parmi les pièces se rapportant directement à Saint-Point nous donnerons des extraits de l'*Epître à Victor Hugo* (1825), de la *Bénédiction de Dieu dans la solitude* (1829; *Harmonies*); de *Gethsemani* (1833; *Voyage en Orient*); du *Tombeau d'une mère* (1829-1830; *Harmonies*) et de la *Cloche du Village* (1838; *Harmonies*).

EPITRE FAMILIERE A M. VICTOR H... (HUGO)

C'est une invitation de Lamartine à son jeune confrère à venir à Saint-Point, dont il décrit, non sans fantaisie, le manoir.

Non loin de la rive embellie
Où la Saône aux flots assoupis
Retrouve sa pente, et l'oublie
Pour caresser les verts tapis
Où son cours cent fois se replie,
Au pied des monts où l'on croit voir

La nuit s'enfuir, le jour éclore...
Entre deux étroites collines
Se creuse un oblique vallon
Tel que Virgile ou Fénelon
L'auraient peint de leurs mains divines;
Le double mont qui le domine
Et le défend de l'aquilon
Sous le poids des forêts s'incline,
Et de pente en pente décline
Jusqu'au lit bordé de gazon
Où notre humble ruisseau sans nom
Déroule sa nappe argentine,
Et dans son onde cristalline
Aime à bercer le doux rayon
De la lune qui l'illumine...

...Au sommet d'un léger coteau
Qui seul interrompt ces vallées
S'élèvent deux tours crénelées,
Par la teinte des ans voilées,
Seuls vestiges d'un vieux château
Dont les ruines mutilées
Jettent de loin sur le hameau
Quelques ombres démantelées...
C'est là que l'amitié t'appelle...

(Epîtres-I)

BENEDICTION DE DIEU DANS LA SOLITUDE

Avant novembre 1829, date de la mort tragique de sa mère, Lamartine revenu de son poste de secrétaire d'ambassade à Florence pour un long congé en France, réside surtout à Saint-Point où il goûte une existence champêtre heureuse entre sa femme et sa fille Julia, aux côtés aussi de sa mère, parmi des paysans qui l'aiment et le respectent. Ces vers sont une action de grâce.

D'où me vient, ô mon Dieu, cette paix qui m'inonde?
D'où me vient cette foi dont mon coeur surabonde?...

...Ah! c'est que j'ai quitté pour la paix du désert
La foule où toute paix se corrompt ou se perd;
C'est que j'ai retrouvé dans mon vallon champêtre
Les soupirs de la source et l'ombre de mon hêtre,
Et ces monts, bleus piliers d'un cintre éblouissant,
Et mon ciel étoilé d'où l'extase descend!...
...Voici le gai matin qui sort humide et pâle
Des flottantes vapeurs de l'aube orientale,
Le jour s'éveille avec les zéphirs assoupis,
La brise qui soulève ou couche les épis,
Avec les pleurs sereins de la tiède rosée
Remontant perle à perle où la nuit l'a puisée,
Avec le cri du coq et le chant des oiseaux,
Avec les bêlements prolongés des troupeaux,
Avec le bruit des eaux dans le moulin rustique,
Les accords de l'airain dans la chapelle antique
La voix du laboureur ou de l'enfant joyeux
Sollicitant le pas du boeuf laborieux...
...De labeur en labeur l'heure à l'heure enchaînée
Vous porte sans secousse au bout de la journée;
Le jour plein et léger tombe, et voilà le soir;
Sur le tronc d'un vieux orme au seuil on vient s'asseoir;
On voit passer des chars d'herbe verte et traînante
Dont la main des glaneurs suit la roue odorante;
On voit le chevrier qui ramène des bois
Ses chèvres dont les pis s'allongent sous le poids;
Le mendiant chargé des dons de la vallée
Rentrer le col pliant sous sa besace enflée...
On sait si dans le ciel l'aurore de demain
Doit ramener un jour nébuleux ou serein...
On entend l'angélus tinter, et d'un saint bruit
Convoquer les esprits qui bénissent la nuit...
Enfin quand sur nos fronts l'étoile des nuits tremble,
On remonte au foyer, on cause, on lit ensemble
Un de ces testaments sublimes, immortels...
Nous répétons les vers de ces hommes divins
Qui, dérobant des sons aux luths des séraphins,
Ornent la vérité de nombre et de mesure

Dans le parc, le banc de l'inspiration.

L'église et le vieux cimetière de Saint-Point.

Et parlent par l'image ainsi que la nature...
Ainsi coule la vie en paisibles soleils...
Conserve-nous mon Dieu, ces jours de ta promesse,
Ces labeurs, ces doux soins, cette innocente ivresse
D'un coeur qui flotte en paix sur les vagues du temps...
Conserve-nous ces coeurs et ces heures de miel,
Et nous croirons en toi comme l'oiseau du ciel...

(Harmonies-Livre premier-V)

Moins de quatre ans après, le corps de la petite Julia, morte au cours du Voyage en Orient, venait rejoindre dans le tombeau érigé à Saint-Point par Lamartine sa grand-mère Alix des Roys. L'immense désespoir du poète s'exprima dans un déchirant poème: *Gethsemani* ou *la mort de Julia.*

C'était le seul anneau de ma chaîne brisée,
Le seul coin pur et bleu dans tout mon horizon;
Pour que son nom sonnât plus doux dans la maison
D'un nom mélodieux nous l'avions baptisée.
C'était mon univers, mon mouvement, mon bruit,
La voix qui m'enchantait dans toutes mes demeures,
Le charme ou le souci de mes yeux, de mes heures,
Mon matin, mon soir et ma nuit!

Le miroir où mon coeur s'aimait dans son image,
Le plus pur de mes jours sur ce front arrêté,
Un rayon permanent de ma félicité,
Tous les dons rassemblés, Seigneur, sur un visage
Doux fardeau qu'à mon cou sa mère suspendait,
Yeux où brillaient mes yeux, âme à mon sein ravie,
Ciel vivant qui me regardait!...

Maintenant tout est mort dans ma maison aride,
Deux yeux toujours pleurant sont toujours devant moi;
Je vais sans savoir où, j'attends sans savoir quoi;
Mes bras s'ouvrent à rien et se ferment à vide,
Tous mes jours et mes nuits sont de même couleur,
La prière en mon sein avec l'espoir est morte...

Mais c'est Dieu qui t'écrase; ô mon âme sois forte,
Baise sa main sous la douleur!

(Voyage en Orient-Tome II)

Le tombeau de Saint-Point avait déjà, entre novembre 1829 et avril 1830, inspiré à Lamartine le poème le *Tombeau d'une Mère*, incorporé aux *Harmonies*:

...Là dort dans son espoir celle dont le sourire
Cherchait encor mes yeux à l'heure où tout expire,
Ce coeur, source du mien, ce sein qui m'a conçu,
Ce sein qui m'allaita de lait et de tendresses,
Ces bras qui n'ont été qu'un berceau de caresses,
Ces lèvres dont j'ai tout reçu!

Là dorment soixante ans d'une seule pensée!
D'une vie à bien faire uniquement passée,
D'innocence, d'amour, d'espoir, de pureté,
Tant d'aspirations vers son Dieu répétées,
Tant de foi dans la mort, tant de vertus jetées
En gage à l'immortalité!...

Et tout cela pourquoi? Pour qu'un creux dans le sable
Absorbât pour jamais cet être intarissable!
Pour que ces vils sillons en fussent engraissés!
Pour que l'herbe des morts dont sa tombe est couverte
Grandît là, sous mes pieds, plus épaisse et plus verte!
Un peu de cendre était assez!

Non, Non! pour éclairer trois pas sur la poussière
Dieu n'aurait pas créé cette immense lumière,
Cette âme au long regard, à l'héroïque effort!
Sur cette froide pierre en vain le regard tombe,
O vertu! ton aspect est plus fort que la tombe,
Et plus évident que la mort!...

Heureux l'homme à qui Dieu donne une sainte mère!
En vain la vie est dure et la mort est amère,
Qui peut douter sur son tombeau?

(Harmonies-Livre troisième-VII)

Le même thème est repris de façon émouvante dans la septième époque de *Jocelyn*:

Mère! sous ton regard de tendresse interdit
Non, tu ne savais pas! je ne t'ai jamais dit...
De quelle âme de fils, ô mère je t'aimais!
O mère, qui pouvait démêler d'un regard
Cette existence à deux, faire à chacun sa part,
Distinguer toi de moi dans cette âme commune,
Restituer en deux ce qui sentait en une,
Dans nos doubles clartés voir laquelle avait lui
Et, sans mentir au ciel dire: C'est elle ou lui?...

En août 1838, Lamartine, séjournant à Saint-Point, reprenait ce thème du tombeau en lui associant celui de la cloche sonnant le glas d'un être cher. Le poème intitulé *La Cloche du Village* fut publié en 1838 dans les *Recueillements poétiques.*

Oh! quand cette humble cloche à la lente volée
Epand comme un soupir sa voix sur la vallée,
Voix qu'arrête si près le bois ou le ravin,
Quand la main d'un enfant qui balance cette urne
En verse à sons pieux dans la brise nocturne
Ce que la terre a de divin!...

Ce qu'éveille en mon sein le chant du toit sonore
Ce n'est pas la gaîté du jour qui vient d'éclore,
Ce n'est pas le regret du jour qui va finir,
Ce n'est pas le tableau de mes fraîches années,
Croissant sur ces coteaux parmi ces fleurs fanées
Qu'effeuille encor mon souvenir;...

La chambre de Lamartine et la cheminée des poètes.

Le cabinet de travail de Lamartine.

C'est le jour où ta voix, dans la vallée en larmes
Sonnait le désespoir après le glas d'alarmes,
Où deux cercueils passant sous les coteaux en deuil,
Et bercés sur des coeurs par des sanglots de femmes,
Dans un double sépulcre enfermèrent trois âmes
Et m'oublièrent sur le seuil!

De l'aurore à la nuit, de la nuit à l'aurore,
O cloche, tu pleuras comme je pleure encore,
Imitant de nos coeurs le sanglot étouffant;
L'air, le ciel, résonnaient de ta complainte amère
Comme si chaque étoile avait perdu sa mère
Et chaque brise son enfant!...

Moi, quand des laboureurs porteront dans ma bière
Le peu qui doit rester ici de ma poussière,
Après tant de soupirs que mon sein lance ailleurs,
Quand des pleureurs gagés, froide et banale escorte,
Déposeront mon corps endormi sous la porte
Qui mène à des soleils meilleurs,

Si quelque main pieuse en mon honneur te sonne,
Des sanglots de l'airain, oh! n'attriste personne;
Ne va pas mendier des pleurs à l'horizon,
Mais prends ta voix de fête, et sonne sur ma tombe
Avec le bruit joyeux d'une chaîne qui tombe
Au seuil libre d'une prison!

(Recueillements poétiques-XXVII)

Et dans des vers écrits dans la chambre de J.J. Rousseau à l'Ermitage de Montmorency, le poète, vers la même époque, exprimait déjà sa volonté d'être inhumé à Saint-Point:

Toi dont le siècle encore agite la mémoire
Pourquoi dors-tu si loin de ton lac, ô Rousseau?
Un abîme de bruit, de malheur et de gloire
Devait-il séparer ta tombe et ton berceau?...

O forêts de Saint Point! ô cachez mieux ma cendre!
Sous le chêne natal de mon obscur vallon
Que l'écho de ma vie y soit tranquille et tendre.
Ah! c'est assez d'un coeur pour enfermer un nom.

(Recueillements poétiques-XXIV)

Ce voeu a été respecté: Lamartine repose à jamais dans la paix du val de Saint-Point. Toute transgression de ce voeu apparaît comme un sacrilège, fût-ce pour un transfert au Panthéon comme on l'a à plusieurs reprises suggéré. La place de Lamartine est pour toujours auprès des siens, de cette famille "abrégé du monde" qui "relie les générations et les vies", qu'il a chantée plus qu'aucun autre poète; et au sein d'une terre qu'il a tant aimée du berceau à la tombe, aux heures d'épreuves comme aux jours de gloire, à laquelle il avait confié pour les y rejoindre un jour, les êtres qui lui furent les plus chers en ce monde, et où, pensait-il, au jour de la Résurrection:

En ouvrant mes regards je reverrai des lieux
Adorés de mon coeur et connus de mes yeux.

Le tombeau de Lamartine.
«O forêts de Saint-Point! Ô cachez mieux ma cendre»

LE PAYS DE BUSSIERES ET DE PIERRECLOS

On sait que dans *Jocelyn* paru en 1836, Lamartine s'est inspiré de l'histoire de l'abbé Dumont, curé de Bussières, mort en janvier 1832, qui fut son ami, et qui avait vécu dans les dernières années du XVIIIe siècle une aventure amoureuse secrète avec la plus jeune des filles du vieux comte de Pierreclau, Jacqueline-Marguerite, dite dans la famille Mademoiselle de Milly.

Largement transposée et déplacée dans le décor des Alpes de Savoie l'oeuvre n'en est pas moins souvent évocatrice des souvenirs d'expérience personnelle recueillis par Lamartine dans les lieux mêmes où avait vécu l'abbé Dumont.

Voici l'inhumation de Jocelyn, dans le *Prologue* du grand poème.

Près du seuil de l'église, au coin du cimetière,
Dans la terre des morts nous couchâmes la bière;
Chacun des villageois jeta sur le cercueil
Un peu de terre sainte en signe de son deuil;
Tous pleuraient en passant et regardaient la tombe
S'affaisser lentement sous la cendre qui tombe;
Chaque fois qu'en tombant la terre retentit,
De la foule muette un sourd sanglot sortit,
Quand ce fut à mon tour, «O saint ami! lui dis-je,
Dors! ce n'est pas mon coeur, c'est mon oeil qui s'afflige;
En vain je vais fermer la couche où te voilà,

Le château de Pierreclos au milieu des vignes.

Je sais qu'en ce moment mon ami n'est plus là...
Il est où ses vertus ont allumé leur flamme!
Il est où ses soupirs ont devancé son âme!»
Je dis; et tout le soir, attristant ces déserts,
La cloche en gémissant le pleura dans les airs,
Et, mêlant à ses glas des aboiements funèbres,
Son chien qui l'appelait hurla dans les ténèbres...

Le début de la première époque du poème nous met dans l'atmosphère d'un matin d'été dans le val de Pierreclos:

Que ce jour s'est levé serein sur le vallon!
Chaque toit semblait vivre à son premier rayon;
Chaque volet ouvert à l'aube près d'éclore
Semblait comme un ami solliciter l'aurore;
On voyait la fumée, en colonnes d'azur,
De chaque humble foyer monter dans un ciel pur;
Du pieux carillon les légères volées
Couraient en bondissant à travers les vallées;
Les filles du village à ce refrain joyeux
Entr'ouvraient leur fenêtre en se frottant les yeux,
Se saluaient de loin du sourire ou du geste,
Et sur de hauts balcons penchant leur front modeste,
Peignaient leurs longs cheveux qui pendaient au dehors
Comme des écheveaux dont on lisse les bords...
Tous les sentiers fleuris qui descendent des bois
Retentissaient de pas, de murmures, de voix;
On y voyait courir les blonds chapeaux de paille
Et les corsets de pourpre enlacés à la taille...

A la quatrième époque, ce sont ses propres souvenirs d'enfance dans le pays de Milly-Pierreclos que chante Lamartine:

Enfant, j'ai quelquefois passé des jours entiers
Au jardin, dans les prés, dans quelques verts sentiers
Creusés sur les coteaux par les boeufs du village,
Tout voilés d'aubépine et de mûre sauvage,
Mon chien auprès de moi, mon livre dans la main,

Très bel escalier à vis sans pilier central au château de Pierreclos.

Cuisines moyenâgeuses avec ses deux superbes cheminées, son tournebroche, ses garde-manger et sa splendide voûte.

M'arrêtant sans fatigue et marchant sans chemin,
Tantôt lisant; tantôt écorçant quelque tige...
Suivant d'un oeil distrait l'insecte qui voltige,
L'eau qui coule au soleil en petits diamants,
Ou l'oreille clouée à des bourdonnements;
Puis, choisissant un gîte à l'abri d'une haie
Comme un lièvre tapi qu'un aboiement effraie,
Ou couché dans le pré dont les gramens en fleurs
Me noyaient dans un lit de mystère et d'odeurs
Et recourbaient sur moi des rideaux d'ombre obscure,
Je reprenais de l'oeil et du coeur ma lecture...

Et je passais ainsi sans m'en apercevoir
Tout un long jour d'été, de l'aube jusqu'au soir,
Sans que la moindre chose intime, extérieure
M'en indiquât la fuite, et sans connaître l'heure
Qu'au soleil qui changeait de pente dans les cieux...

La neuvième Epoque -retour de Jocelyn dans la solitude de son presbytère après un voyage à Paris- nous vaut le bel hommage de Lamartine à son chien le lévrier Fido, qui avait été le compagnon de jeux de la petite Julia.

O mon chien! Dieu seul sait la distance entre nous;
Seul il sait quel degré de l'échelle de l'être
Sépare ton instinct de l'âme de ton maître;
Mais seul il sait aussi par quel secret rapport
Tu vis de son regard et tu meurs de sa mort,
Et par quelle pitié pour nos coeurs il te donne
Pour aimer encor ceux que n'aime plus personne;
Ainsi, pauvre animal, quoique à terre couché,
Jamais d'un sot dédain mon pied ne t'a touché,
Jamais d'un mot brutal contristant ta tendresse
Mon coeur n'a repoussé ta touchante caresse...
Frère à quelque degré qu'ait voulu la nature!
Ah! mon pauvre Fido, quand tes yeux sur les miens
Le silence comprend nos muets entretiens,
Quand au bord de mon lit épiant si je veille,
Un seul souffle inégal de mon sein te réveille,

L'église de Bussières et la tombe de l'abbé Dumont.

Le presbytère de Bussières.

Que, lisant ma tristesse en mes yeux obscurcis
Dans les plis de mon front tu cherches mes soucis,
Et que, pour la distraire attirant ma pensée,
Tu mords plus tendrement ma main vers toi baissée,
Que, comme un clair miroir, ma joie ou mon chagrin
Rend ton oeil fraternel inquiet ou serein,
Que l'âme en toi se lève avec tant d'évidence
Et que l'amour encor passe l'intelligence;
Non, tu n'es pas du coeur la vaine illusion,
Du sentiment humain une dérision,
Un corps organisé qu'anime une caresse,
Automate trompeur de vie et de tendresse!
Non! quand ce sentiment s'éteindra dans tes yeux,
Il se ranimera dans je ne sais quels cieux.
De ce qui s'aima tant la tendre sympathie
Homme ou plante, jamais ne meurt anéantie:
Dieu la brise un instant mais pour la réunir!...
Son sein est assez grand pour nous tous contenir!...
Oh! viens dernier ami que mon pas réjouisse,
Ne crains pas que de toi devant Dieu je rougisse,
Lèche mes yeux mouillés! mets ton coeur près du mien,
Et seuls à nous aimer, aimons-nous, pauvre chien!

Plus que le Mâconnais, c'est sans doute le pays de Montculot, dans la haute Côte-d'Or, qui a inspiré à Lamartine le célèbre passage des Laboureurs dans *Jocelyn.* Mais cet hymne au travail de la terre exprime le constant attachement du poète à ce monde rural au milieu duquel il a grandi à Milly, Bussières et Pierreclos. Quelques vers suffisent à en montrer la ferveur:

La terre qui se fend sous le soc qu'elle aiguise
En tronçons palpitants s'amoncelle et se brise;
Et tout en s'enr'ouvrant fume comme une chair
Qui se fend et palpite et fume sous le fer...
La femme parle aux boeufs du geste et de la voix;
Les animaux courbés sur leur jarret qui plie
Pèsent de tout leur front sur le joug qui les lie;
Comme un coeur généreux leurs flancs battent d'ardeur;
Ils font bondir le sol jusqu'en ses profondeurs...

Il est ouvert! Il fume encore
Sur le sol ce profond dessin!
O terre! tu vis tout éclore
Du premier sillon de ton sein...

Et dans l'Epilogue du grand poème, c'est à l'abbé Dumont que, à travers la personne de son héros, Jocelyn, Lamartine rend hommage; il exalte l'amitié qui le liait au curé de Bussières:

Chaque fois que ma vie était un peu fanée,
Qu'un chagrin me pesait dans le cours de l'année,
Mon instinct, près de lui me portant aussitôt,
Dans un coin de mon coeur mettait tout son dépôt
Pour aller dans son sein le verser à son heure,
Et rapporter la paix qui comblait sa demeure...
A présent que j'ai lu dans cette âme si tendre
Je reviens sur sa vie et j'ai peine à comprendre
Comment il a vécu comme un autre ses jours,
Après avoir noyé tant d'âme dans leur cours...
Nul signe de fatigue ou d'une âme blessée
Ne trahissait en lui la mort de la pensée;
Son front, quoique un peu grave, était toujours serein;
On n'y pouvait rêver la trace d'un chagrin
Qu'au pli que la douleur laisse dans le sourire,
A la compassion plus tendre qu'il respire,
Au timbre de sa voix ferme dans sa langueur,
Qui répondait si juste aux fêlures du coeur;
Il se fit de la vie une plus mâle idée,
Sa douleur d'un seul trait ne l'avait pas vidée;
Mais, adorant de Dieu le sévère dessein,
Il sut la porter pleine et pure dans son sein...
J'ai trouvé quelquefois, parmi les plus beaux arbres
De ces monts où le bois est dur comme les marbres,
De grands chênes blessés, mais où les bûcherons
Vaincus, avaient laissé leur hache dans les troncs;
Le chêne...
Grandissait, élevant vers le ciel dans son coeur
L'instrument de sa mort dont il vivait, vainqueur!
C'est ainsi que ce juste élevait dans son âme
Comme une hache au coeur, ce souvenir de femme!

Le site de Monceau. Au centre le château et les vignes, à gauche le bosquet du «salon de Dieu».

« Le pavillon des Girondins»: solitude de Lamartine.

La façade de Monceau.

MONCEAU

Monceau n'a pas inspiré de poèmes majeurs à Lamartine; mais c'est à Monceau qu'ont été écrits ou mis au net d'importants fragments de l'oeuvre en vers et en prose -notamment en 1845 l'*Histoire des Girondins.*

Le poème le plus directement rattaché à ce lieu est celui des *Stances au Comte d'Orsay*, écrit ici en novembre 1850, après l'échec de l'action politique durant la Révolution de février 48. Lamartine l'a lui-même qualifié de «sublime va-te-faire-fiche lancé au peuple».

Après avoir évoqué les héros et les grands hommes dont la sculpture immortalise les traits, il en vient à lui-même, dont son lointain cousin, le comte d'Orsay, vient de réaliser le buste:

Va, brise, ô Phidias, ta dangereuse épreuve;
Jettes-en les débris dans le feu, dans le fleuve,
De peur qu'un faible coeur, de doute confondu,
Ne dise en contemplant ces affronts sur ma joue:
«Laissons le monde aller à son courant de boue»,
Et que, faute d'un coeur, un siècle soit perdu!

Oui, brise, ô Phidias!... Dérobe ce visage
A la postérité qui ballote une image
De l'Olympe à l'égoût, de la gloire à l'oubli;
Au pilori du temps n'expose pas mon ombre!

Je suis las des soleils, laisse mon urne à l'ombre;
Le bonheur de la mort c'est d'être enseveli.

Que la feuille d'hiver au vent des nuits semée,
Que du coteau natal l'argile encore aimée,
Couvrent vite mon front moulé sous le linceul!
Je ne veux de vos bruits qu'un souffle dans la brise,
Un nom inachevé dans un coeur qui se brise!
J'ai vécu pour la foule, et je veux dormir seul.

(Cours familier de littérature-X^e entretien, 1856, et Oeuvres complètes, 1860)

Le site de Montculot. A l'extrême gauche, la source du Fayard.

CORMATIN

A deux époques de sa vie le somptueux château de Cormatin fut pour Lamartine un lieu auquel il s'attacha, mais les circonstances n'en firent pas, en ce qui concerne le poète, un lieu d'inspiration.

En 1812, après son retour d'Italie où il avait connu «Graziella» (Antoniella), il devint l'amant de la belle Nina Dezoteux, fille de la châtelaine de Cormatin, Sophie Verne, épouse Dézoteux. Nina avait épousé Guillaume de Pierreclau, mari volage et ami de jeunesse de Lamartine, peu exigeant sur la fidélité de sa femme. Et le garçon de 22 ans qu'était Alphonse de Lamartine, encore tout imprégné des délices de son séjour napolitain, eut tôt fait de retrouver des heures analogues dans les bras de Nina. Mais ce ne fut jamais de l'amour, et dès janvier 1818, il rompait avec elle, malgré le fils qu'elle lui avait donné en mars 1813, fils adultérin dont Pierreclau endossa la paternité.

Le souvenir pourtant de ses «visites» à Cormatin lui resta vivace et dans les *Nouvelles Confidences* parues en 1851, alors qu'il revenait à Cormatin chez son jeune ami Pierre de Lacretelle, il écrivait:

«La jeune comtesse Nina de Pierreclau, célèbre par sa beauté et ses talents dans tout le pays, fit du château de Cormatin un séjour d'attrait et de délices. J'étais devenu alors un des amis les plus intimes de son mari; j'étais l'hôte assidu de cette belle demeure, et j'ai passé des heures de jeunesse qui ont rendu ce château... à la fois cher et triste à mon souvenir...»

La superbe façade nord du château de Cormatin.

Les salons dorés du château de Cormatin.

Pas de poème qu'on puisse relier à Cormatin, disions-nous... Mais peut-être pourrait-on penser qu'une petite pièce de vers que l'on trouve dans la Correspondance du poète et datée de novembre 1815, rend compte d'une première démarche de rupture avec la belle au sujet de laquelle il avait écrit en octobre 1813 à son ami Virieu:

«J'ai eu beau faire pour devenir amoureux de cette jolie maîtresse dont je t'ai parlé depuis mon retour, il n'y a pas eu moyen. Je ne l'aime que tous les quinze jours, quand je suis las du veuvage... Il n'y a pas ombre de sympathie entre nous, c'est une femme qui n'a plus de ce feu dont nous parlions.»

Voici les quelques vers de ce petit poème, présenté comme étant un «*impromptu à Mademoiselle Fanny R...; qui se plaignait de ce qu'elle n'était plus la confidente de M...*»: Remplaçons Fanny par Nina, et tout s'accorde fort bien avec la situation de Lamartine vis-à-vis de sa maîtresse à cette date:

Aux genoux d'une ingrate amante
J'ai porté des voeux superflus;
Vous qui fûtes ma confidente
Fanny, vous ne le serez plus.
C'en est fait, j'ai brisé ma chaîne.
Aux froids autels d'une inhumaine
Je n'irai plus brûler d'encens;
J'ai rougi de mon esclavage,
Et tout bas ma bouche volage
Prononce de plus doux serments.

Plein du nouveau feu qui m'inspire,
En vain vous m'ordonnez, Fanny, de vous écrire;
Je sens trop qu'à présent je dois être discret.
Mon amour est le seul secret
Que je ne puisse plus vous dire.

MONTCULOT

Le souvenir de Julie Charles, l'amante du *Lac* morte le 18 décembre 1817, est toujours profondément présent au coeur de Lamartine lorsqu'il séjourne à Montculot-Urcy, en Côte-d'Or, chez son oncle Jean-Baptiste. Ce poème évoque le cadre sévère de bois et de rochers qui enveloppe le château de Montculot. Il a été écrit en mai-juin 1819.

Le soir ramène le silence.
Assis sur ces rochers déserts,
Je suis dans le vague des airs
Le char de la nuit qui s'avance.

Vénus se lève à l'horizon;
A mes pieds l'étoile amoureuse
De sa lueur mystérieuse
Blanchit les tapis de gazon.

De ce hêtre au feuillage sombre
J'entends frissonner les rameaux
On dirait autour des tombeaux
Qu'on entend voltiger une ombre...

(Méditations poétiques-IV)

Et dans *Souvenir*, écrit à Montculot dans la même période, Lamartine exprime l'ineffaçable regret de la morte et le voeu de la rejoindre.

En vain le jour succède au jour;
Il glisse sans laisser de trace;
Dans mon âme rien ne t'efface,
O dernier songe de l'amour...

Quand je dors, tu veilles dans l'ombre;
Tes ailes reposent sur moi;
Tous mes songes viennent de toi,
Doux comme le regard d'une ombre.

Pendant mon sommeil si ta main
De mes jours déliait la trame,
Céleste moitié de mon âme,
J'irais m'éveiller dans ton sein!

Comme deux rayons de l'aurore,
Comme deux soupirs confondus,
Nos deux âmes ne forment plus
Qu'une âme, et je soupire encore!

(Méditations poétiques-IX)

Revenu en propriétaire à Montculot après avoir hérité de son oncle, Lamartine se penche sur son passé et ranime les souvenirs des jours qu'il a passés dans ces lieux qui lui sont chers. Le poème se termine par une effusion d'abandon à sa destinée qui s'écoulera comme l'eau de cette source.

LA SOURCE DANS LES BOIS

(Montculot, novembre 1828)

Source limpide et murmurante
Qui de la fente du rocher
Jaillis en nappe transparente
Sur l'herbe que tu vas coucher;

Château de Monculot, façade est.

Le marbre arrondi de Carrare
Où tu bouillonnais autrefois
Laisse fuir ton flot qui s'égare
Sur l'humide tapis des bois.

Ton dauphin verdi par le lierre
Ne lance plus de ses naseaux
En jets ondoyants de lumière
L'orgueilleuse écume des eaux...

J'entends ta goutte harmonieuse
Tomber, tomber et retentir
Comme une voix mélodieuse
Qu'entrecoupe un tendre soupir.

Les images de ma jeunesse
S'élèvent avec cette voix,
Elle m'inonde de tristesse
Et je me souviens d'autrefois...

Assis sur un banc de ta mousse,
Sentant mes jours près de tarir,
Instruit par ta pente si douce,
Tes flots m'apprendront à mourir...

(Harmonies-Livre deuxième-V)

A Montculot aussi fut écrit en octobre 1829 le long et beau poème que Lamartine intitula «*Novissima Verba, ou mon âme est triste jusqu'à la mort*», incorporé aux *Harmonies.* Il y méditait douloureusement sur la condition humaine:

Oui, je te connais trop, ô vie, et j'ai goûté
Tous tes flots d'amertume et de félicité..;
Que tu sais bien dorer ton magique lointain!
Qu'il est beau l'horizon de ton riant matin
Quand le premier amour et la fraîche espérance
Nous entr'ouvrent l'espace où notre âme s'élance!...
Le sentier de nos jours n'est beau qu'en le montant.

De ce point de la vie où l'on en sent le terme
On voit s'évanouir tout ce qu'elle renferme;
L'espérance reprend son vol vers l'orient;
On trouve au fond de tout le vide et le néant!...

Mais pour Lamartine, l'espoir en Dieu et l'amour des êtres sauvent l'homme de ce néant:

Amour, être de l'être! amour, âme de l'âme!
Nul homme plus que moi ne vécut de ta flamme!...
Nul ne désira plus dans l'autre âme qu'il aime
De concentrer sa vie en se perdant soi-même...
Ma mémoire ranime une trace effacée...
Et de ceux que j'aimais l'image évanouie
Se lève dans mon âme et je revis ma vie!

Et c'est l'image de la petite Napolitaine, Graziella (en réalité Antoniella) qui se lève avec l'évocation du paysage enchanteur où il avait connu le «premier amour», profond, spirituel et charnel, en 1812:

Et je n'entendais rien que ma voix et la sienne,
La sienne, écho vivant qui renvoyait la mienne;
Et ces deux voix d'accord, vibrant à l'unisson,
Se confondaient en une et ne formaient qu'un son!

Quelques mois plus tard, à Paris (printemps 1830) le souvenir de «Graziella» dont il conservait à Saint-Point, comme une relique, le fichu d'indienne, revenait le visiter et il écrivait le Premier Regret:

Sur la plage sonore où la mer de Sorrente
Déroule ses flots bleus aux pieds de l'oranger,
Il est, près du sentier, sous la haie odorante
Une pierre petite, étroite, indifférente
Aux pas distraits de l'étranger.

La giroflée y cache un seul nom sous ses gerbes,
Un nom que nul écho n'a jamais répété.

Quelquefois seulement le passant arrêté
Lisant l'âge et la date en écartant les herbes
Et sentant dans ses yeux quelques larmes courir
Dit: «Elle avait seize ans, c'est bien tôt pour mourir!»...

Nul ne visite plus cette pierre effacée,
Nul n'y songe et n'y prie!...; excepté ma pensée,
Quand, remontant le flot de mes jours révolus
Je demande à mon coeur tous ceux qui n'y sont plus,
Et que, les yeux flottants sur de chères empreintes
Je pleure dans mon ciel tant d'étoiles éteintes.
Elle fut la première, et sa douce lueur
D'un jour pieux et tendre éclaire encor mon coeur!

(Harmonies-Livre quatrième-XI)

Paysage Napolitain au temps de Graziella. Musée des Ursulines-Mâcon.

A Châtillon, au bord du lac du Bourget, la statue de Lamartine

UNE SYNTHESE DES LIEUX DES REVERIES DE JEUNESSE

LE VALLON

La première esquisse de cette Méditation célèbre fut jetée sur le papier au bord du lac du Bourget, au cours du séjour que fit à Aix Lamartine en août 1819, deux ans après la mort de Madame Charles. Abandonnée, elle fut reprise pour être incorporée à une autre pièce commencée en juin-juillet 1819 pendant un séjour chez son ami Virieu, à Pupetière, en Dauphiné; le vallon serait celui de Ferrouillat proche de Pupetière; mais le poème ne fut mis définitivement au net qu'en Mâconnais en septembre-octobre 1819. Si bien que le Vallon en question réunit dans l'imaginaire de Lamartine une synthèse des lieux les plus propices, en cette année 1819, à ses rêveries. Lamartine lut ce poème à son père au cours de l'automne, et ce dernier en fut vivement impressionné.

Mon coeur lassé de tout, même de l'espérance,
N'ira plus de ses voeux importuner le sort;
Prêtez-moi seulement, vallon de mon enfance,
Un asile d'un jour pour attendre la mort.

Voici l'étroit sentier de l'obscure vallée:
Du flanc de ces coteaux pendent des bois épais
Qui, courbant sur mon front leur ombre entremêlée,
Me couvrent tout entier de silence et de paix...

L'abbaye de Hautecombe.

Lamartine, écolier à Belley.

Ah! c'est là qu'entouré d'un rempart de verdure,
D'un horizon borné qui suffit à mes yeux,
J'aime à fixer mes pas, et, seul dans la nature,
A n'entendre que l'onde, à ne voir que les cieux.

J'ai trop vu, trop senti, trop aimé dans ma vie,
Je viens chercher ici le calme du Léthé;
Beaux lieux, soyez pour moi ces bords où l'on oublie:
L'oubli seul désormais est ma félicité...

Repose-toi, mon âme, en ce dernier asile,
Ainsi qu'un voyageur qui, le coeur plein d'espoir,
S'assoit avant d'entrer aux portes de la ville,
Et respire un moment l'air embaumé du soir...

Tes jours, sombres et courts comme des jours d'automne
Déclinent comme l'ombre au penchant des coteaux;
L'amitié te trahit, la pitié t'abandonne,
Et seule, tu descends le sentier des tombeaux.

Mais la nature est là qui t'invite et qui t'aime;
Plonge-toi dans son sein qu'elle t'offre toujours;
Quand tout change pour toi la nature est la même,
Et le même soleil se lève sur tes jours...

(Méditations Poétiques-VI)

Le poète n'a pas retenu, dans la version qu'il incorpora aux *Méditations* les strophes qui, dans un des manuscrits, évoquaient Julie Charles.

Le jour où je la vis nos regards s'entendirent.
L'âme comprend un geste, un regard, un soupir!
Sans nous être parlé, nos coeurs se confondirent,
Je sentis qu'il fallait ou parler ou mourir.

AIX-LES-BAINS et TRESSERVE

Cette dernière strophe, trop intime pour avoir été publiée, nous amène aux lieux immortalisés par le poète, ceux de la rencontre de Julie Charles, dont l'amour trop vite brisé par la mort devait révéler à lui-même, à vingt-six ans, un garçon jusque-là dissipé et volage.

Le *Lac* est un des poèmes les plus célèbres de la poésie française. La première esquisse en fut jetée sur le papier par Lamartine le 29 août 1817, alors qu'assis sur un rocher au-dessus de l'abbaye de Hautecombe et du lac du Bourget, il avait quitté tout espoir de voir revenir Julie en ces lieux où ils s'étaient promis de se retrouver, lorsqu'ils s'étaient quittés en mai précédent à Paris.

La mise en forme définitive se fit sans doute face au lac, à Tresserve, là où s'élève aujourd'hui une stèle commémorative, dans la première quinzaine de septembre 1817.

La poésie ici est devenue musique pure. Nous citerons les strophes les plus harmonieuses de ce poème qui en compte seize.

O Lac! l'année à peine a fini sa carrière
Et près des flots chéris qu'elle devait revoir,
Regarde! je viens seul m'asseoir sur cette pierre
Où tu la vis s'asseoir!

Tu mugissais ainsi sous ces roches profondes,
Ainsi tu te brisais sur leurs flancs déchirés,
Ainsi le vent jetait l'écume de tes ondes
Sur ses pieds adorés!

Un soir, t'en souvient-il? nous voguions en silence;
On n'entendait au loin, sur l'onde et sous les cieux,
Que le bruit des rameurs qui frappaient en cadence
Tes flots harmonieux.

Tout à coup des accents inconnus à la terre
Du rivage charmé frappèrent les échos;
Le flot fut attentif, et la voix qui m'est chère
Laissa tomber ces mots:

O temps! suspends ton vol! Et vous heures propices,
Suspendez votre cours!
Laissez-nous savourer les rapides délices
Des plus beaux de nos jours!

Assez de malheureux ici-bas vous implorent,
Coulez, coulez pour eux;
Prenez avec leurs jours les soins qui les dévorent,
Oubliez les heureux!

Mais je demande en vain quelques moments encore,
Le temps m'échappe et fuit;
Je dis à cette nuit: Sois plus lente, et l'aurore
Va dissiper la nuit.

Aimons donc, aimons donc! de l'heure fugitive
Hâtons-nous, jouissons!
L'homme n'a point de port, le temps n'a point de rive;
Il coule et nous passons!...

Eternité, néant, passé, sombres abîmes,
Que faites-vous des jours que vous engloutissez?
Parlez! Nous rendrez-vous ces extases sublimes
Que vous nous ravissez?

Sur le lac du Bourget, le petit port où Lamartine sauva Julie Charles de la noyade.

Lamartine, jeune homme. Miniature sur porcelaine. Musée Lamartine - Mâcon.

O lac! rochers muets! grottes! forêt obscure!
Vous que le temps épargne ou qu'il peut rajeunir,
Gardez de cette nuit, gardez, belle nature,
Au moins le souvenir!

Qu'il soit dans ton repos, qu'il soit dans tes orages,
Beau lac, et dans l'aspect de tes riants coteaux,
Et dans ces noirs sapins, et dans ces rocs sauvages
Qui pendent sur tes eaux,

Qu'il soit dans le zéphir qui frémit et qui passe,
Dans les bruits de tes bords par tes bords répétés,
Dans l'astre au front d'argent qui blanchit ta surface
De ses molles clartés,

Que le vent qui gémit, le roseau qui soupire,
Que les parfums légers de ton air embaumé,
Que tout ce qu'on entend, on voit ou l'on respire,
Tout dise: «Ils ont aimé!»

(Méditations poétiques-XIII)

Julie Charles mourait à Paris le 18 décembre 1817. Le crucifix qui avait reçu son dernier soupir fut rapporté à Lamartine par son ami mâconnais Amédée de Parseval. Le poète garda religieusement cette relique et en 1821-1822 elle lui inspira le poème intitulé le Crucifix qui parut dans les *Nouvelles Méditations* mises en vente le 27 septembre 1823.

Toi que j'ai recueilli sur sa bouche expirante
Avec son dernier souffle et son dernier adieu,
Symbole deux fois saint, don d'une main mourante
Image de mon Dieu!

Que de pleurs ont coulé sur tes pieds que j'adore
Depuis l'heure sacrée, où, du sein d'un martyr,
Dans mes tremblantes mains tu passas tiède encore
De son dernier soupir...

Stèle et buste de Lamartine à Tresserve, où fut achevé «Le Lac»

Oui, tu me resteras, ô funèbre héritage!
Sept fois depuis ce jour l'arbre que j'ai planté
Sur sa tombe sans nom a changé son feuillage;
Tu ne m'as pas quitté.

Placé près de ce coeur, hélas! où tout s'efface,
Tu l'as contre le temps défendu de l'oubli,
Et mes yeux goutte à goutte ont imprimé leur trace
Sur l'ivoire amolli...

Au nom de cette mort, que ma faiblesse obtienne
De rendre sur ton sein ce douloureux soupir!
Quand mon heure viendra, souviens-toi de la tienne,
O toi qui sais mourir!

Je chercherai la place où sa bouche expirante
Exhala sur tes pieds l'irrévocable adieu,
Et son âme viendra guider mon âme errante
Au sein du même Dieu.

Ah! puisse, puisse alors sur ma funèbre couche
Triste et calme à la fois, comme un ange éploré,
Une figure en deuil recueillir sur ma bouche
L'héritage sacré.

Soutiens ses derniers pas, charme sa dernière heure
Et, gage consacré d'espérance et d'amour,
De celui qui s'éloigne à celui qui demeure
Passe ainsi tour à tour,

Jusqu'au jour où, des morts perçant la voûte sombre
Une voix dans le ciel les appelant sept fois,
Ensemble éveillera ceux qui dormaient à l'ombre
De l'éternelle croix!

(Nouvelles Méditations poétiques-XXI)

Les poèmes que nous avons retenus sont tous plus ou moins liés à des lieux qui ont été chers à Lamartine; ce sont des «poèmes du coeur». Ils ne doivent pas faire oublier ceux dans lesquels l'homme politique et social a voulu exprimer ses convictions généreuses, notamment la *Marseillaise de la Paix* (1841); les *Révolutions* (1831), *Utopie* (1837); A *Nemesis* (1831); les *Fragments du Livre Primitif* dans la *Chute d'un Ange* (1837).

Nous citerons pour conclure cette petite anthologie quelques vers célèbres tirés de divers poèmes de Lamartine:

L'égoïsme et la haine ont seuls une patrie,
La fraternité n'en a pas...
Je suis concitoyen de toute âme qui pense:
La vérité, c'est mon pays!
(La Marseillaise de la Paix)

Marchez! l'humanité ne vit pas d'une idée!
Elle éteint chaque soir celle qui l'a guidée,
Elle en allume une autre à l'éternel flambeau.
(Les Révolutions)

Le livre de la vie est le livre suprême
Qu'on ne peut ni fermer ni rouvrir à son choix;
Le passage attachant ne s'y lit pas deux fois,
Mais le feuillet fatal se tourne de lui-même:
On voudrait revenir à la page où l'on aime,
Et la page où l'on meurt est déjà sous nos doigts!
(Vers sur un album)

Borné dans sa nature, infini dans ses voeux,
L'homme est un dieu tombé qui se souvient des cieux.
(Méditations-II: l'Homme)

D'autre part, Lamartine s'est longuement raconté lui-même en prose dans ses *Confidences*, écrites à partir de 1847 et publiées ensuite à diverses dates jusqu'à ses *Mémoires posthumes* publiés par sa nièce Valentine de Cessiat en 1871. On en trouvera de larges extraits commentés dans l'ouvage *Avec Lamartine en Bourgogne* (Editions de la Taillanderie à Bourg-en-Bresse).

SOMMAIRE

Achevé d'imprimer en mars 1999
Dépôt légal 1er trimestre 1999
Imprimé en UE